前沿、大气、不拘一格的
客厅案例精粹
集亲情互动、待客娱乐于一体的
全能客厅空间设计

简约 简欧
现代 混搭

全能客厅

设计精粹第2季

全能客厅设计精粹第2季编写组 编

U0345440

紧凑型
客厅设计

机械工业出版社
CHINA MACHINE PRESS

客厅现已成为大多数家庭的多功能综合性活动场所，既是用来招待客人的地方，又是一家人待在一起最久的地方。"全能客厅设计精粹第2季"包含了大量优秀的客厅设计案例，包括《客厅电视墙设计》《紧凑型客厅设计》《舒适型客厅设计》《奢华型客厅设计》《客厅顶棚设计》五个分册。每个分册穿插材料选购、设计技巧、施工注意事项等实用贴士，言简意赅，通俗易懂，旨在让读者对家庭装修中的各环节有一个全面的认识。

图书在版编目（CIP）数据

紧凑型客厅设计 / 《全能客厅设计精粹第2季》编写组编. — 2版. — 北京：机械工业出版社，2015.6
（全能客厅设计精粹. 第2季）
ISBN 978-7-111-50892-2

Ⅰ. ①紧⋯ Ⅱ. ①全⋯ Ⅲ. ①客厅－室内装饰设计－图集 Ⅳ. ①TU241-64

中国版本图书馆CIP数据核字(2015)第162691号

机械工业出版社（北京市百万庄大街22号　邮政编码 100037）
策划编辑：宋晓磊　　　　　　　责任编辑：宋晓磊
责任印制：李　洋　　　　　　　责任校对：白秀君
北京汇林印务有限公司印刷

2015年8月第2版第1次印刷
210mm×285mm · 7印张 · 194千字
标准书号：ISBN 978-7-111-50892-2
定价：34.80元

Contents
目录

紧凑型小客厅的设计

　　对于面积较小的客厅，布置一定要简洁。如果放置几件大家具，会使小空间显得更加拥挤。如果要在客厅摆放电视机，可将固定的电视柜改成带滑轮的低柜，不仅可以增加空间利用率，而且还具有较强的变化性。小客厅中也可以使用装饰品或摆放花草等，但应力求简单，能点缀一下即可，尽量不要放铁树等大型盆栽。小客厅无须做吊顶。玄关处通透的设计效果不仅可以减少空间占用率，而且能将小客厅装饰出宽敞的视觉效果。

紧凑型客厅设计

简约

强化复合木地板

石膏板拓缝

密度板造型隔断

水曲柳饰面板

装饰灰镜

水曲柳饰面板

有色乳胶漆

有色乳胶漆

白色玻化砖

装饰银镜

水曲柳饰面板

黑色烤漆玻璃

白色洞石

印花壁纸

木质装饰线

木纹大理石

雕花清玻璃

白色人造大理石

羊毛地毯

米黄色网纹大理石

不锈钢装饰线

装饰灰镜

陶瓷锦砖拼花

白色玻化砖

密度板雕花隔断　　　　　有色乳胶漆

黑镜装饰线

白色玻化砖

密度板雕花隔断

木质搁板

泰柚木饰面板

人造石踢脚线

条纹壁纸

米色网纹大理石

白枫木格栅

爵士白大理石

巧妙设计让紧凑型客厅变大（一）

1.适当点缀。巧妙设计，不摆设大量物件，也不放置太多饰物，空间的偶尔留白更能衬托出主体。

2.旧物新用。原有的家居用品只要稍微装扮一下，或加些配饰，即可产生新面貌。例如，根据现有的装饰风格，给旧家具换个色或加块新桌布等，即可与新家风格融为一体。

3.保持简洁。多购置收纳式储藏柜，使空间具有更强的收纳功能，以减少杂物的外露。

4.少用大家具。少用大型的酒柜、电视柜等，使空间的分隔单纯化。如果必须使用大型家具，则最好将其放置于角落处。沙发的选用尤其要谨慎，因为沙发体量较大，极有可能会占去半个客厅的空间。

5.利用立体空间。如将木板钉于壁面构成木质搁板，即可收纳CD等杂物。

米色洞石

木质搁板

装饰银镜

白枫木装饰线

装饰银镜

有色乳胶漆

印花壁纸

羊毛地毯

印花壁纸

米白色玻化砖

白色玻化砖

密度板树干造型隔断

印花壁纸

石膏板肌理造型

装饰灰镜

印花壁纸

木质踢脚线

有色乳胶漆

木质装饰线　　　　　　　装饰茶镜

水曲柳饰面板

装饰银镜

雕花灰镜

黑镜装饰线

白枫木装饰立柱

白枫木饰面板

印花壁纸

有色乳胶漆

印花壁纸

木质搁板

强化复合木地板　　　　实木装饰立柱

木纹大理石

黑色烤漆玻璃吊顶

有色乳胶漆

雕花银镜　　　　白色玻化砖

白枫木饰面板

木质搁板

艺术墙贴

泰柚木饰面板

密度板雕花隔断

米色网纹玻化砖

印花壁纸

雕花银镜

条纹壁纸

有色乳胶漆

雕花银镜

巧妙设计让紧凑型客厅变大（二）

1.将客厅和餐厅做成半开放式。客厅和餐厅间的非承重隔墙可以打掉，用具有储藏功能的收纳柜来分隔空间。

2.轨道门增加空间机动性。充分运用轨道式拉门，增加空间的机动性。

3.巧用分隔装饰布。巧妙运用装饰布，既可以营造温馨的居家空间，又可以随时更换。例如，自顶棚垂下的织物可以有效分隔空间，在不用时又可以挽起以拓展空间。

4.充分利用客厅空间。可在客厅角落用构造简单的桌椅布置出一个工作空间，再以屏风作为遮挡。

印花壁纸

条纹壁纸

强化复合木地板

黑白根大理石波打线

白枫木装饰线

中花白大理石

黑白根大理石

文化石肌理造型

陶瓷锦砖

羊毛地毯

灰镜装饰线

密度板雕花隔断

白色釉面墙砖

印花壁纸

条纹壁纸

艺术墙贴

混纺地毯

水曲柳饰面板

黑镜装饰线

泰柚木饰面板

皮革软包

密度板造型隔断

茶色烤漆玻璃

有色乳胶漆

雕花茶镜

密度板雕花贴茶镜

黑色烤漆玻璃

石膏板肌理造型

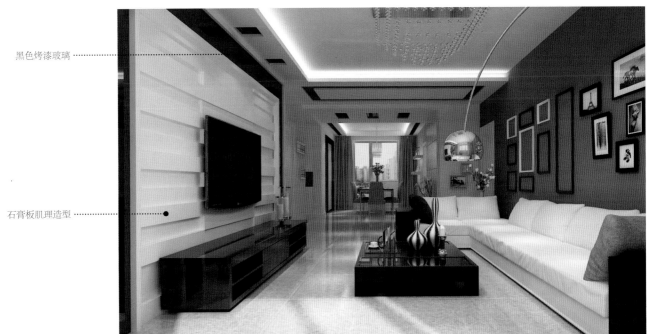

不锈钢装饰线

白色抛光墙砖

印花壁纸

羊毛地毯

白枫木装饰线

有色乳胶漆

装饰银镜

印花壁纸

车边茶镜

羊毛地毯

密度板树干造型

石膏板肌理造型

有色乳胶漆

印花壁纸

黑色烤漆玻璃

肌理壁纸

灰色烤漆玻璃

银镜装饰线

米色洞石

强化复合木地板

紧凑型客厅装修配色黄金定律

1.墙面配色不应超过三种,否则会显得很凌乱。

2.金色和银色在居室装修中是万能色,可以与任何颜色搭配,用在任何功能空间。

3.用颜色营造居室的层次效果时,通用的原则是墙浅,地中,家具深;或是墙中,地深,家具浅。

桦木饰面板

水曲柳饰面板

灰镜装饰线

木质装饰线密排

印花壁纸

木质搁板

米黄色釉面墙砖

强化复合木地板

中花白大理石

米色网纹大理石

木质搁板

密度板造型隔断

木纹大理石

仿斑马纹墙砖

雕花烤漆玻璃

镜面锦砖

有色乳胶漆　　　　　　　　　　　　强化复合木地板

白色玻化砖

雕花茶镜

石膏板

白色乳胶漆

艺术地毯

黑胡桃木饰面板　　　　木纹大理石

茶镜装饰线

条纹壁纸

密度板雕花贴茶镜

白枫木饰面板

雕花烤漆玻璃

黑镜装饰线

白枫木饰面板

米白色洞石

米色玻化砖

不锈钢装饰线

客厅整体色彩的设计

客厅的色彩设计应考虑主人的喜好和兴趣，根据性格、阅历和职业的不同而设计。根据要求的不同，应先确定客厅的主色调，再搭配装饰色。如果主色调为红色，装饰色就不能太过强烈；如果主色调为绿色，地面和墙面就可以设计为淡黄色，家具可设计为奶白色，这种颜色的搭配能给人清晰、细腻的感觉，使整个房间显得轻快活泼；橙黄色的主色调应选用比主色调稍深的颜色做装饰，以取得和谐的效果，使整个房间烘托出柔和与温馨的感觉；如果地面用茶绿色，墙面以选用灰白色为佳。

大红、大绿不要出现在同一个房间内，这样看起来易显俗气。

若想体现简约、明快的家居品位，小户型不宜选用那些印有大花小花的壁纸或窗帘等，应尽量使用纯色设计，以增加居室空间感。

顶棚的颜色应浅于墙面，或与墙面同色，否则会使人产生"头重脚轻"的感觉，时间长了，甚至会感觉呼吸困难。

紧凑型客厅设计
简欧

白枫木装饰线

陶瓷锦砖

白枫木装饰线

雕花银镜

装饰银镜　　　　　　　　　　　仿古墙砖　　　　　　　　　　　黑色烤漆玻璃

浅咖啡色网纹大理石　　　　　　　　　　　　　　　印花壁纸

绯红色亚光玻化砖　　　　　　　　　　　白枫木格栅

有色乳胶漆 ……………………………

仿金属砖 ……………………………

装饰茶镜 ……………………………

布艺软包 ……………………………

印花壁纸

雕花灰镜

米黄色网纹大理石

条纹壁纸

装饰茶镜

白枫木装饰线

印花壁纸

木质踢脚线

装饰银镜　　　　　　　　　　　　　　　　　羊毛地毯

印花壁纸

石膏装饰线

雕花银镜

羊毛地毯

印花壁纸　　　　　　　　　　白色亚光玻化砖

雕花茶镜

密度板雕花

白枫木格栅吊顶

印花壁纸

客厅地面色彩的设计

　　1. 家庭的整体装修风格是确定地面明度的首要因素。深色调地面的感染力和表现力强,个性鲜明;浅色调地面更显清新、典雅。

　　2. 地面颜色与家具互相搭配。地面颜色要能衬托家具的颜色:浅色家具可与深浅颜色的地面任意组合;深色家具与深色地面的搭配则要格外注意,以免整体感觉沉闷压抑。

　　3. 客厅的采光条件也限制了地面颜色的选择,尤其是楼层较低、采光不充分的客厅,更要注意选择亮度较高、颜色适宜的地面材料,应尽可能避免使用颜色较暗的材料。

　　4. 小型客厅应选择冷色地面,使人产生面积扩大的感觉。如果选用色彩明亮的暖色地面,会使空间显得更加狭窄,产生压抑感。

雕花银镜

车边黑镜

白枫木装饰线

皮革软包

印花壁纸

中花白大理石

浅咖啡色网纹大理石

密度板雕花隔断

雕花银镜

装饰银镜

印花壁纸

雕花银镜

条纹壁纸

皮革软包

密度板雕花贴黑镜

米色亚光玻化砖

米色洞石

米黄色大理石

印花壁纸

深咖啡色网纹大理石　车边银镜

密度板雕花

装饰灰镜

印花壁纸　　　　　　白枫木装饰立柱

镜面锦砖 ··········

米黄色大理石 ··········

陶瓷锦砖 ··········

木质格栅混油 ··········

米色网纹大理石

皮革软包

米色网纹大理石

车边银镜

密度板造型贴银镜

浅咖啡色网纹大理石

陶瓷锦砖

肌理壁纸

小型家具是紧凑型客厅的首选

比起一般家具,小型家具占用的使用面积较少,令人感觉空间似乎变大了。紧凑型客厅首选低矮型的沙发。这种有低矮设计的沙发没有扶手,流线式的造型,摆放在客厅中让人感觉空间更加流畅。根据客厅面积的大小,可以选用三人、两人或1+1型的,再配上小圆桌或迷你型的电视柜,让空间感觉更加宽阔。

雕花银镜

米黄色网纹大理石

印花壁纸

有色乳胶漆

不锈钢装饰线

装饰银镜

车边银镜

米色网纹玻化砖

布艺软包

米黄色网纹大理石

水晶装饰珠帘

米黄色大理石

成品铁艺隔断

白色玻化砖

米色洞石

皮革软包

印花壁纸

皮革软包　　　　　　雕花银镜

印花壁纸

艺术地毯

艺术墙砖

雕花茶镜

中花白大理石　　　　　陶瓷锦砖

雕花灰镜

木纹大理石

木质装饰线描银

木质踢脚线

雕花黑镜

密度板雕花贴茶镜

陶瓷锦砖

米黄色玻化砖

米黄色洞石

皮革软包

米黄色网纹大理石

紧凑型客厅的省钱设计

　　紧凑型客厅的地面可采用造价较低、工艺上包含多种艺术装饰手段的水泥做装饰材料；墙面可不做背景墙，而是利用肌理涂料、水泥造型及整体家具来代替；购买整体家具可以省去做电视墙的费用；客厅吊顶可以简单化，甚至可以不做吊顶；可以利用色彩高雅明亮的墙面涂料，让空间显得更加宽敞。

车边银镜

白枫木装饰线

艺术墙贴

米色亚光玻化砖

有色乳胶漆

印花壁纸

米黄色网纹玻化砖

皮革软包

密度板雕花隔断

印花壁纸

木纹大理石

米黄色玻化砖

皮革软包

羊毛地毯

雕花银镜

木质踢脚线

强化复合木地板

印花壁纸

车边茶镜

爵士白大理石

黑晶砂大理石波打线

密度板雕花隔断

装饰银镜

羊毛地毯

艺术地毯

雕花银镜

浅咖啡色网纹大理石

米色玻化砖

布艺软包

密度板雕花隔断

印花壁纸

有色乳胶漆

强化复合木地板

白枫木装饰线

米色玻化砖

印花壁纸　　　　　　　　　　　　　　　　　　　　　　有色乳胶漆

强化复合木地板　　　　　　印花壁纸

仿古砖　　　　　　　　　　　　　　　　　　雕花银镜

木质踢脚线

印花壁纸

木纹大理石

密度板雕花

米黄色亚光玻化砖

条纹壁纸

沙发墙的设计

设计沙发墙要着眼于整体。沙发墙对整个室内的装饰及家具起着衬托作用，因此装饰不能过多、过滥，色调要相对明亮，应多以局部照明的方式来布置灯光，并协调考虑该区域的顶面灯光。灯罩和灯泡应尽量隐蔽，灯光照度要求不高，且应避免光线直射人的脸部。背阴客厅的沙发墙忌用沉闷的色调，宜选用浅米黄色等柔和明亮的色彩。

紧凑型客厅设计
现代

印花壁纸

有色乳胶漆　　　　　　　　　　　　　石膏顶角线

有色乳胶漆

木质搁板

白枫木饰面板

木质踢脚线

镜面锦砖　　　　装饰茶镜

印花壁纸

强化复合木地板

有色乳胶漆

白枫木装饰线

白枫木饰面板

密度板造型隔断

雕花清玻璃　　　　　　　　　　　石膏板拓缝　　　　　　雕花银镜

羊毛地毯　　　　　　　　　　　　　　　　　　　印花壁纸

中花白大理石　　　　　　实木地板　　　　　　　　　　　黑镜装饰线

泰柚木饰面板

白色亚光玻化砖

白枫木饰面板

密度板雕花隔断

文化石

米黄色网纹玻化砖

装饰灰镜　　　　　　　　皮革软包

米色洞石

白色波浪板

木纹玻化砖

泰柚木饰面板

沙发墙省钱 DIY

　　可以淘一些有特色的小架子，重新粉刷，装饰在墙面上；可以把美观的餐盘装裱起来挂在墙上展示，也可以将大小、颜色、风格不同的盘子集中展示在墙面上，使之呈现出特殊的艺术效果；还可以将旧门粉刷上新的颜色，变成一件艺术品靠在墙上。

羊毛地毯

车边银镜吊顶

肌理壁纸

有色乳胶漆

水曲柳饰面板

米色洞石

黑镜装饰线

水曲柳饰面板

米黄色大理石

密度板造型隔断

泰柚木饰面板

条纹壁纸

白色玻化砖

黑色烤漆玻璃

印花壁纸

白枫木饰面板

白色乳胶漆

黑镜装饰线

木纹大理石

白色乳胶漆

雕花烤漆玻璃

陶瓷锦砖

印花壁纸

木质搁板

雕花清玻璃 ·········

羊毛地毯 ·········

米黄色大理石 ·········

木质踢脚线 ·········

白色乳胶漆　　　印花壁纸

雕花茶镜

条纹壁纸

陶瓷锦砖

条纹壁纸

艺术地毯

手绘图案巧装饰

　　手绘墙的装饰图案有很多，究竟选用哪种合适呢？应先根据房间的整体色调、居室主人的喜好及装修风格而定。手绘墙本身主要起装饰作用，与传统的墙纸相比，手绘的方式灵活、有趣且颜色丰富，更容易让人融入自然，使人缓解工作疲劳，提高人的审美情趣，让艺术更贴近生活。

皮革软包

米色玻化砖

手绘墙饰

磨砂玻璃

木质搁板

装饰珠帘　　　　　　　　　　　　　　　　　　　　白枫木饰面板拓缝

白色玻化砖

木质搁板

强化复合木地板

印花壁纸

印花壁纸

黑镜装饰线

石膏板肌理造型

木质搁板

强化复合木地板

爵士白大理石

雕花烤漆玻璃

米色网纹大理石

木质踢脚线

白枫木装饰线

装饰灰镜

白色玻化砖

肌理壁纸

泰柚木饰面板

密度板造型贴黑镜

木纹玻化砖

黑镜装饰线

浅咖啡色网纹玻化砖

有色乳胶漆

木纹大理石

雕花茶镜

木纹大理石

黑色烤漆玻璃

米色洞石

中花白大理石

羊毛地毯

有色乳胶漆

有色釉面墙砖

白色抛光墙砖

有色乳胶漆　　　　　　　　　　　　　　　　　　　　　木纹大理石

米色网纹大理石

黑色烤漆玻璃

印花壁纸

石膏板拓缝

紧凑型客厅的家具选择

　　紧凑型客厅的家具应根据客厅的功能性质来选择,最基本的要求是:选购包括茶几在内的供休息和谈话使用的座位(通常为沙发),同时适当配备电视、音响、影视资料等。如果客厅还有其他功能需求,可根据需要适当增加相应的家具设备。例如,若物品较多,可选用多功能组合家具;物品较少则可只摆放电视柜。

有色乳胶漆

白色波浪板

雕花灰镜

陶瓷锦砖

肌理壁纸

木质搁板

有色乳胶漆

条纹壁纸

木质踢脚线

白色乳胶漆

中花白大理石

印花壁纸

水曲柳饰面板

印花壁纸

米白色玻化砖

白色玻化砖

密度板树干造型隔断

密度板雕花隔断

木质搁板

中花白大理石

密度板树干造型隔断

米色亚光玻化砖

黑色烤漆玻璃

米色大理石

中花白大理石

白色釉面墙砖

米色洞石

装饰灰镜

白枫木格栅

陶瓷锦砖

白色乳胶漆

木质搁板

印花壁纸

羊毛地毯

木质搁板

印花壁纸

手绘墙饰

装饰灰镜

白枫木装饰线

有色乳胶漆

石膏板拓缝

木质搁板

印花壁纸　　　　　　　　　　　　　　　　　　强化复合木地板

水曲柳饰面板

肌理壁纸

白色釉面墙砖　　　雕花烤漆玻璃

选用低矮家具营造轻盈空间

从目前沙发、茶几等家具的设计上来看，有"高度降低"的趋势。低矮的家具能够降低视觉重心，让空间显得通畅无阻，还可以让过道更为灵活、舒缓，因此会使空间显得开阔、宽敞。而材质上，穿透、轻巧柔软的浅色家具，最适合用来放大空间，通常又以玻璃、塑料、亚克力、布料等最为常见，不仅能减少家具所产生的视觉压迫感，而且通常更能呼应造型设计的简单利落，使空间不过于紊乱。

紧凑型客厅设计
混搭

白松木板吊顶   条纹壁纸

强化复合木地板   肌理壁纸

白枫木百叶

仿古地砖

白枫木装饰线

米色亚光玻化砖

有色乳胶漆

印花壁纸

陶瓷锦砖

浅咖啡色亚光墙砖

装饰银镜

密度板雕花

陶瓷锦砖

有色乳胶漆

有色乳胶漆

白枫木窗棂造型贴银镜

雕花烤漆玻璃

肌理壁纸

强化复合木地板

木质装饰线

木质装饰横梁

有色乳胶漆

白枫木装饰线

印花壁纸

手绘墙饰

087

陶瓷锦砖　　　　　　　　　　　　　木纹大理石

木质搁板

木质踢脚线

仿古砖

木质搁板

有色乳胶漆

客厅地砖规格的确定

1. 依据客厅的大小来挑选地砖。如果客厅面积小，地砖的规格就应该小一些。具体来说，如果客厅面积在30m²以下，最好用600mm×600mm 的地砖；如果客厅面积在30～40m²，则可酌情选择600mm×600mm或800mm×800mm的地砖；如果客厅面积在40m²以上，则用800mm×800mm规格的地砖效果最好。

2. 考虑家具所占用的空间。如果客厅被家具占用的面积较多，也应考虑用规格小一点的地砖。

3. 考虑客厅的长宽。就效果而言，以地砖能全部整片铺贴为好，尽量不裁砖或少裁砖。这不但可以使铺贴效果更好，而且也能减少浪费。一般而言，地砖规格越大，浪费也就越多。

4. 考虑地砖的造价和费用。同一品牌、同一系列的地砖，规格越大，价格也就越高。因此，不要盲目地追求大规格的地砖，在考虑美观的同时，也要精打细算。

仿古砖

有色乳胶漆

陶瓷锦砖

白色抛光墙砖

装饰茶镜　　　　　　　　　　　　　　　　　　　　条纹壁纸

白枫木饰面板

仿古砖

米黄色亚光玻化砖

文化石

雕花茶镜

印花壁纸

有色乳胶漆 ……

木质踢脚线 ……

印花壁纸 ……

有色乳胶漆 ……

装饰银镜

桦木饰面板

密度板雕花

肌理壁纸

米色网纹玻化砖

白枫木饰面板

中花白大理石　　　　　　　　　　　　　　　泰柚木饰面板　　　　　　　　　　　　　　　密度板混油

雕花茶镜　　　　　　　　　　　　　　　　　　米白色玻化砖

有色乳胶漆　　　　　　　　　　　　　　　　　　混纺地毯

木纹玻化砖

白枫木饰面板

仿古砖

白枫木装饰线

有色乳胶漆

米黄色网纹大理石

紧凑型客厅装饰品摆放的原则

"少就是多"的设计理念至今经久不衰，正是由于局部的"单调"才对比出整体的精彩，使整体更加完整。紧凑型客厅的墙面要尽量留白，便于保障收纳空间。房间中已经有很多高柜，如果在空余的墙面再挂上饰品或照片，就会显得过于拥挤。如果觉得墙面因缺乏装饰而缺少情趣，可以按照房间内主色调中的一种色彩选择饰品或装饰画，在色调上一定不要太出格，不要因为更多色彩的加入而让空间显得杂乱。适当地降低饰品的摆放位置，让它们处于人体站立时视线的水平位置之下，既能丰富空间情调，又能减少视觉障碍。

白枫木装饰线

密度板混油

肌理壁纸　　　　　　　　木质踢脚线

印花壁纸

车边银镜

有色乳胶漆

木质顶角线

肌理壁纸

布艺软包

印花壁纸

胡桃木装饰线

胡桃木顶角线

仿古砖

白枫木装饰线

装饰灰镜

木质装饰横梁

陶瓷锦砖

白色亚光墙砖

白枫木装饰线

泰柚木饰面板

白色釉面墙砖   木质装饰横梁

彩色釉面墙砖   米白色玻化砖

装饰茶镜   米色网纹大理石   实木地板

白色釉面墙砖

米色亚光玻化砖

白色乳胶漆

混纺地毯

装饰银镜

木质踢脚线

布艺软包 ·······

浅咖啡色网纹玻化砖 ·······

密度板混油 ·······

混纺地毯

仿古砖

装饰茶镜　　　　　　　　　　胡桃木装饰立柱

木质装饰横梁

仿古砖

米色网纹大理石

印花壁纸

客厅中心区的收纳设计

客厅中心区是摆放沙发、茶几的区域,如果客厅空间小,可以从这些常规的家具中找些收纳杂物的空间。

1. 分层茶几和边桌。选择多层的茶几能让物品分门别类地放置,存放和拿取都十分方便。高低不等的三层边桌能延伸使用面积,即使来了很多客人,也能有充足的空间放置茶具。

2. 多用途的储物脚凳。在客厅多准备几个可以储物的脚凳,不仅可以轻松收纳换季物品,如毛毯、靠垫,甚至被子都可以塞在里面。应急时储物脚凳还能当茶几用。

陶瓷锦砖

黑镜装饰线

白枫木窗棂造型贴茶镜

肌理壁纸

不锈钢装饰线

灰白色网纹玻化砖

中花白大理石

米色网纹玻化砖

木质搁板

实木地板

木纹玻化砖　　　　　　　　　　　木质装饰横梁　　　　　　　　　　米黄色大理石

米色网纹大理石　　　　　　　　　　　　　　　　　　　　　　　　印花壁纸

强化复合木地板　　　　　　　　　　　　　　　　　　　　　密度板拓缝

密度板雕花

白枫木装饰线

木质搁板

车边银镜

肌理壁纸

深咖啡色网纹大理石

有色乳胶漆

米色亚光玻化砖

木质搁板

强化复合木地板

米黄色网纹大理石

密度板雕花贴黑镜　　　木纹大理石

成品铁艺隔断

白色玻化砖

艺术地毯

陶瓷锦砖

雕花灰镜